前 言

　　用艺术诠释科普,青岛市市南区科学技术协会的科普形式在变,服务的核心始终不变。由市南科协精心打造的新型科普图书,历经一年多时间终于出版了,从市南科协最初的创意构思到成功出版,这本《科普绘画笔记——树》凝结了众多工作人员的辛苦和期盼。

　　本书表现了青岛市市南区30种常见树木,树的形态特点用绘画步骤图分解呈现,树的科普知识和绘画紧密结合。学习绘画的同时了解树的科普知识,在查阅树的知识时也能轻松掌握绘画技能,画面中描绘的景点也为岛城的人文历史留下了印记,也是意义所在!

　　努力做好科普工作,更好地服务好广大居民,促进科学技术的普及和推广是市南科协的始终目标。市南科协紧握时代脉搏,凭敏锐的觉察力,完成了科普与艺术的融合创新,让热爱艺术和热爱科普的人们了解:艺术与科普不再是割裂的两个平行领域,也希望发掘和推动在艺术和科普交融领域作出突出贡献的标杆人物、热点作品,促进科学技术人才的成长和提高,在市南掀起一场"艺术与科普"的新浪潮,成为岛城生活美学的引领者。作为党和政府联系科技工作者的桥梁和纽带,市南科协为提高全民科学素质而努力!

目　录

NO.1　冬　青

　　冬青高度是 2～25 米,分为乔木和灌木,是一类开花植物,同时也是冬青科之下的唯一一属,树皮灰色或淡灰色,有纵沟,小枝淡绿色,无毛。叶薄革质,狭长椭圆形或披针形,顶端渐尖,基部楔形,边缘有浅圆锯齿,干后呈红褐色,有光泽。花瓣紫红色或淡紫色,向外反卷。果实椭圆形或近球形,成熟时深红色。

　　种子及树皮可供药用,为强壮剂;叶有清热解毒作用,可治气管炎和烧烫伤;树皮可提取栲胶。

中文名:冬青	纲:双子叶植物纲	科:冬青科
学名:*Ilex chinensis* Sims	亚纲:原始花被亚纲	属:冬青属
别称:冻青	目:无患子目	亚属:冬青亚属
门:被子植物门	亚目:卫矛亚目	种:冬青

步骤 1 ≫ 青岛二中分校站牌旁边的冬青树格外茂盛,下午的阳光穿过树丛落在站牌上,虽是冬日,却也感觉暖意融融。运用边铺底色边构图的方法进行,轻松地勾勒出树的形状、站牌的位置。

步骤 2 >> 抓住第一感受,根据光经过的路线设计好画面大的明暗关系,协调好画面里站牌、人物、树木等表现对象的比例。

步骤 3 >> 开始由远及近地进行刻画,尽量降低远处物体的明暗和冷暖对比,可以主观略掉对画面效果没有帮助的杂物,色调偏冷偏灰一些,为以后近景的表现拉开空间。

步骤 4 >> 公交站牌和光照射下的冬青是画面的表现重点,刻画尽量细致到位,树亮部的颜色可用柠檬黄加一点群青调和出的淡绿色画,中绿加橄榄绿画暗部,最深的暗部需要加一点普蓝颜色。笔触尽量灵活生动。

步骤 5 >> 右上角大片的冬青树刻画时要注意层次感,亮部的叶子抓到坚挺,叶小的特点进行塑造,暗部在色彩上添加一些蓝灰色或紫灰色,和天空的蓝色相呼应,有利于暗部的透气性和亮部的响亮效果。墙面、路面等次要的地方也随时跟进描绘,但无需过多细节。

步骤 6 》》 整体观察,完善画面内容,增强画面效果,完成。

NO.2 榉 树

榉树,是榆科榉属的落叶乔木树种。在中国分布广泛,生长较慢,材质优良,是珍贵的硬叶阔叶树种。

中文名:榉树

学名:*Zelkova serrata* (*Thunb.*) Makino

别称:大叶榉、红榉树、青榉、白榉、血榉、金
　　　丝榔、沙榔树、毛脉榉

门:被子植物门

纲:双子叶植物纲

亚纲:原始花被亚纲

目:荨麻目

科:榆科

属:榉属

种:榉树

步骤 1 ≫ 青岛中山公园里有棵榉树树冠很大,我每次经过都会被它的气势所吸引。起稿时可以用熟赫色少调点松节油,用薄薄的颜色勾勒出树的位置和形状,远处的小树也简单的做一下标注。

步骤 **2** 》》 用大的色块铺一下底色,把握住大的色彩倾向和明暗关系,忽略小细节,颜色尽量涂满画布,这一阶段颜色尽量薄一些,画起来轻松快捷,干得也快,方便进行下一步。

步骤 **3** 》》 底色干透后刻画远处树丛,因为是远景,原则是柔和、虚处理,笔触不宜太大,做到"繁而不乱"。最暗的颜色不要超过前面榉树暗部的树干,天空和树梢的交接处要柔和自然,多用大笔扫一扫,避免生硬。

步骤 4 》 远景所做的一切工作都是为了更好地衬托主角榉树,树冠可以概括前后几大组进行塑造。体积感形成后,再重点表现树叶,灰面的绿色接近固有色,亮部颜色里多加入黄色和白色,提高亮度,增加光照的感觉。离我们最近的一组树叶要细致刻画,树叶的形状和色彩也更加具体。

步骤 5 》 树干以褐色为主,亮部加中黄,加白,画的过程中加一些冷灰色笔触,用体现老树皮或影子之类的感觉,用笔适当泼辣一点,丰富效果,有助于树干质感的表现。最后整体调整,丰富细节,修正出满意的画面效果。

科普绘画笔记——树

NO.3 白蜡树

白蜡树,是木樨科、梣属落叶乔木,树皮灰褐色,纵裂。芽阔卵形或圆锥形,被棕色柔毛或腺毛。小枝黄褐色,粗糙,无毛或疏被长柔毛,旋即秃净,皮孔小,不明显。

中文名:白蜡树	亚纲:菊亚纲	族:梣族
学名:*Fraxinus chinensis* Roxb	目:玄参目	属:梣属
别称:青榔木、白荆树	亚目:木樨亚目	亚属:苦枥木亚属白蜡树组
门:被子植物门	科:木樨科	种:白蜡树
纲:双子叶植物纲	亚科:木樨亚科	

步骤 1 >> 用蓝色起稿构图,画准路面近宽远窄的透视变化,白蜡树枝繁叶茂,取一半入画,绿树成荫,路上二人携手相伴,已经很美了。为了画面视觉重心的平衡,保留了左边高高的楼房。

步骤 2 ≫ 这是青岛上午 9 点多的阳光,清新明亮。铺底色时把大的明暗关系表示出来,画面的冷暖也用大的色块做一下归纳,以便让自己接下来的刻画做到心中有数。此时的福州南路已经车水马龙,远处画了一辆黄色的公交车,丰富一下色彩,路上的人物有助于增加了画的趣味性,也做了详细刻画。

步骤 3 ≫ 前面的白蜡树占据了画面中心的大部分面积,由于存在遮挡关系,先从后面的建筑画起,色调偏冷些,白蜡树受光部的亮度需要暗部的对比才能更强烈,加一些橄榄绿或翠绿调进去一点红色,得到的暗绿色更稳定。树干处于背光面,仍有几束阳光穿过树叶落在树干上呈现暖色,点缀在暗部,丰富了色彩。其实近看每组树叶里都夹一串串种子,略有下垂。画面中注意体现。

步骤 4 >> 充分刻画白蜡树的部分,增强暗部树叶的通透性。作为近景,人物两边的植物也画充分,依次用较暖的黄绿色提亮,完善小局部和细节,平衡画面大关系。

NO.4 茶 花

茶花,是山茶科、山茶属多种植物和园艺品种的通称。花瓣为碗形,分单瓣或重瓣,单瓣茶花多为原始花种,重瓣茶花的花瓣可多达 60 片。茶花有不同程度的红、紫、白、黄各色花种,甚至还有彩色斑纹茶花,而花枝最高可以达到 4 米。性喜温暖、湿润的环境。花期较长,从 10 月份到翌年 5 月份都有开放,盛花期通常在 1～3 月份。是中国传统的观赏花卉,"十大名花"中排名第八,亦是世界名贵花木之一。

中文名:茶花	亚目:山茶亚目
学名:*Camellia japonica*	科:山茶科
别称:山茶花	族:山茶族
门:被子植物门	属:山茶属
纲:双子叶植物纲	亚属:山茶亚属
亚纲:原始花被亚纲	种:茶花
目:侧膜胎座目	

步骤 1 >> 嘉木美术馆院子里有棵很大的茶花树。茶花开放,芳香怡人,在这艺术氛围浓厚的庭院里更显其典雅美丽,以德式小楼为背景开始创作,用赭石颜色起稿构图。

步骤 2 >> 快速铺第一遍颜色,把感受到的色彩表达在画布上。铺底色是最终轻松的一步,因为不要考虑小细节,所以尽量用大笔操作。

步骤 3 >> 楼房的结构较为复杂,又是画面重要的组成部分,所以先画。受光部的大窗映出蓝天白云,这可是体现玻璃质感的好地方,不能放过,无须描绘得过于清晰,照顾楼房的整体感。右边的高树是陪衬。茶花树进一步塑造形体,分好大小组,先不急于画叶子。

步骤 4 >> 开始刻画茶树,在已有的形体上画上叶子,植物的叶子形态各异,叶子的大小,各自的朝向和反射光的能力都不相同,仔细观察模仿。画亮部时用笔果断厚重,运笔方向要灵活,初学者容易笔触单一,注意避免。暗部的老叶多灰绿色,好多茶花藏着叶子下面,颜色也由亮部的大红、朱红,变为以紫红和土红为主的色彩,每组树枝的蓬松感和层次体现好。

步骤 5 >> 先把树干、木栅栏、地面等画好,检查光线的走向,暗部色调的统一,远景近景的衔接和过渡,多比较,少画,理性处理。画上的茶花小,用彩铅单独画了一朵,可供参考。

彩铅画：茶花

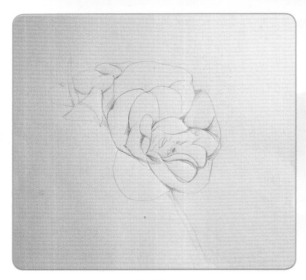

步骤 1

步骤 2

步骤 3

步骤 4

NO.5 丁香树

丁香树,为木樨科落叶灌木或小乔木。其单叶对生,椭圆或披针形;花两性,呈漏斗状,顶生;花小芳香,有白色、紫色、紫红色或蓝色;许多小花组成硕大的圆锥形花序,布满整个枝叶,浓香袭人,极具观赏价值。常见的品种有白丁香、紫丁香、佛手丁香等。

中文名:丁香树
门:被子植物门
纲:双子叶植物纲

目:捩花目
科:木樨科

步骤 1 》 这是谁家的小院,丁香花、蔷薇花、樱树等一簇簇围满了栅栏,美丽高洁的丁香花最为显眼,房子的主人每次从窗子里望过去也定是满心的喜悦。蓝颜色构图,画出基本框架。

步骤 2 >> 铺底色,色块的冷暖可以明确一些,房子只画大的块面就可以,窗等直接用颜色盖住就行,但要薄一点,能隐约看出之前起的轮廓线为好。树分出亮暗面。

步骤 3 >> 从房子开始画起,青岛的德式建筑很多,造型别致,颇具美感。小窗、石门,画起来也饶有味道。暗部的墙体较空,色彩多加些变化。虽然前面的树干分摊了一些面积,还是要避免画得空洞。勾画房尖上的树枝最好用画杖支持手腕,这样画起来轻松,线条可以更流畅、富有弹性,瓦片属于远景,不要画得太红艳。

步骤 4 >> 前面的植物颜色分三部分：绿色，丁香的淡紫色，左边的玫红色、绿色和淡紫色色彩相互交织，枝叶也相互穿插。丁香画位于最前方，层次也最丰富，小笔触塑造，虽然很亮，但纯白颜色也要控制使用，防止画"粉"显得苍白无力。下面的石头墙受光呈暖色，与丁香形成明显的冷暖对比，使其更加响亮，也增强了围栏上整堆植物的体积感。围墙的暗部尽量虚化处理。

步骤 5 >> 右边的路和树依次完成。关注整体，反复调整出自己满意的效果。

NO.6 椴 树

椴树,别名火绳树、家鹤儿、金桐力树、桐麻、叶上果、叶上果根,为椴树科、椴树属的植物。高 20 米;树皮灰色,直裂;小枝近秃净,顶芽无毛或有微毛,叶宽卵形,聚伞花序长,无柄,萼片长圆状披针形,果球形,花期 7 月。有经济、食用、医用等多种价值。

中文名:椴树

学名:*Tilia tuan* Szyszyl

别称:千层皮、青科榔、大椴树、大叶椴、
　　　椴、椴麻、滚筒树、滚筒树根

门:被子植物门

纲:双子叶植物纲

目:锦葵目

科:椴树科

属:椴树属

种:椴树

步骤 1 ≫ 青岛中山公园里有一块石碑上写"青岛第一井",想必好多人知道,旁边的椴树认识的就未必多了,树冠低垂,绿叶成荫,令人神清气爽。公园的树太密集,不好取景,索性其他的树统统拿掉,只保留要表现椴树和石碑。用笔简单的勾出轮廓。

步骤 2 >> 地面上的红色是护工铺的养料,这个颜色把叶子衬得更加葱绿,就保留下来了。最暗的层次是树干,最亮的是天空照过来的高光,边画边理顺画面关系。

步骤 3 >> 石碑的形状和体积画好,等最后写上字。树干被树叶遮挡,光线较暗,用笔触画出树皮的感觉,颜色也以蓝灰为主,受光的几处可以加点暖色,但也不会太亮。地面的颜色也以偏冷的深红为基调,个别处加紫灰笔触和橘黄笔触。

步骤 4 >> 用柠檬黄调一点群青色得出的绿画叶子的亮部,也可以直接用黄绿和淡绿画叶子的灰层次,暗部用中绿加普蓝加一点紫灰。这个角度是有点逆光的,最后用很亮的颜色表现树枝间的空隙,枝叶的边缘提亮。用黄色提亮几处地上的颜色,和叶子亮度呼应。把石碑上的文字加上就完成了。

步骤 2 细节展示　　　　　　　　　步骤 4 细节展示

NO.7 **二球悬铃木**

　　二球悬铃木,别名英国梧桐、槭叶悬铃木,落叶大乔木,花期 4～5 月,果熟 9～10 月。该种是三球悬铃木与一球悬铃木的杂交种,久经栽培,二球悬铃木是世界著名的城市绿化树种、优良庭荫树和行道树,有"行道树之王"的美誉。

中文名:二球悬铃木　　　　　　目:蔷薇目

学名:*Platanus acerifolia* Willd　　亚目:虎耳草亚目

别称:英国梧桐　　　　　　　　科:悬铃木科

门:被子植物门　　　　　　　　属:悬铃木属

纲:双子叶植物纲　　　　　　　种:二球悬铃木

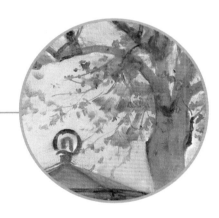

步骤 1 >> 青岛地铁 3 号线刚开通,试乘的市民满脸幸福。江西路出站口旁边这棵高大的二球悬铃木,默默地见证着岛城的发展。选了个有阳光的中午,起稿,铺底色,一气呵成。画面去掉了多余的一些楼房和杂物。

步骤 2 >> 这幅画是从主题树开始入手画起，树干我好久前画过铅笔速写，这次画油画轻松自如了许多。注意树干暗部的灰颜色，既要表现出二球悬铃木树皮特有的剥离感，还要保证整个树干的体积感。粉绿色和浅赫色交替使用。然后是绿色的地铁口，把造型比例处理好，颜色翠绿、橄榄绿、中绿等，暗部加普蓝颜色重下去。

步骤 3 >> 重点刻画树冠部分，根据观察到的树枝错落关系，描绘出树的生长形态，以及受光树枝的穿插，靠近地铁口的树叶画得具体些，颜色也可以厚一些。把远景的楼房大致地画一遍，去掉不必要的细节，最远处的高楼尽量和天空融为一体。

步骤 4 >> 完善画面主题部分，加强树的光影效果。右边中国农业银行的字等细节也画上，丰富画面，
也算是记录，前面的地面颜色厚重处理简练，左下角植物的暖色和绿色的管子构成冷暖对
比，是前景的内容，画的时候点到为止，毕竟不是画面的焦点。

速写：二球悬铃木

彩铅画：秋天的悬铃木叶子

步骤 1

步骤 2

步骤 3

步骤 4

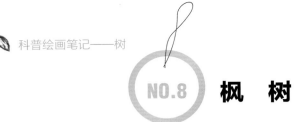

NO.8 枫 树

枫树为高大乔木,高可达29米以上,冠幅可达16米。花期4到5月,果期9到10月。随着树龄增长,树冠逐渐敞开,呈圆形。枝条棕红色到棕色,有小孔,冬季枝条是黑棕色或灰色。枫叶色泽绚烂、形态别致优美,可制作书签、标本等。在秋天则变成火红色,落在地上时变成深红。

中文名:槭树	亚纲:原始花被亚纲
学名:*Acer palmatum*	目:无患子目
别称:枫树	亚目:无患子亚目
门:被子植物门	科:槭树科
纲:双子叶植物纲	属:槭树属

步骤 1 >> "霜叶红于二月花",秋天的枫林真是美不胜收。多谢朋友对雕塑园风景的推荐。选好角度,单色起稿。

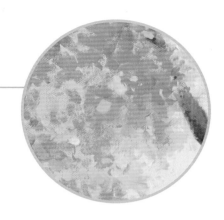

步骤 2 >> 先画一层薄薄的底色,因为很薄,可以接着刻画上面红红的枫叶,树干的上半段尽量不要混进白色,它是用来对比枫叶亮度的最暗的层次,不能粉气。用漂亮的柠檬黄和朱红画出枫叶的色彩,最红艳的部分加深红和大红,设计好布局。

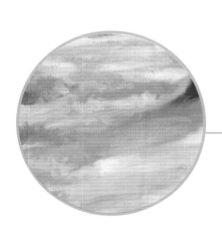

步骤 3 >> 色彩间的冷暖对比是有效的绘画手段,为映衬枫叶的红艳,路面的颜色强调了红色的对比色蓝紫。背景去掉了一些小树,露出最远处的树,使视野开阔,拉伸了空间。

步骤 4 >> 枫树后面的树多概括,我的注意力全部被枫叶所吸引,枫叶不大,画时笔触小一些,画到一多半进程时钩上长树枝,要展现飘逸摇曳的感觉。叶子所用到的红色较多,偏黄的粉红,橘红、朱红、大红等,层次间的穿插要巧妙,有相互遮挡,又有并列存在,有些叶子颜色还是黄绿色,镶嵌在红色间十分好看,还能有效地避免由于红色面积过多造成的"火气"。树干用小笔触画出明暗关系,竖条的笔触有助于表现树皮的质感。

步骤 5 >> 地面保持之前的色相，画上落叶、阳光、小草等丰富效果。地面与树干的交接处要画得自然，充分过渡。最后调整一下主要的枝叶就可以结束了。

速写：枫树

庄桂庆
东山村门口 2019 5.29

NO.9 广玉兰

广玉兰,别名洋玉兰、荷花玉兰,为木兰科、木兰属植物。原产美洲、北美洲以及中国的长江流域及其以南地区。供观赏,花含芳香油。由于开花很大,形似荷花,故又称"荷花玉兰",可入药,也可做道路绿化。为美化树种,耐烟抗风,对二氧化硫等有毒气体有较强抗性,可用于净化空气,保护环境。

中文名:广玉兰	目:木兰目
学名:*Magnolia Grandiflora* Linn	科:木兰科
别称:荷花玉兰	族:木兰族
门:被子植物门	属:木兰属
纲:双子叶植物纲	亚属:木兰亚属
亚纲:木兰亚纲	种:广玉兰

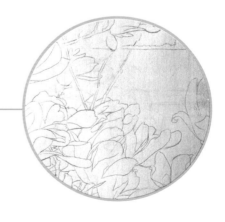

步骤 1 >> 取景广玉兰的局部特写,起稿如线描一样仔细,广玉兰亭亭玉立的气质配上傍晚温柔的海面,清雅而高贵。

步骤 **2** >> 花朵的部分先铺一遍底色,远处的天空和海面可以一次性画完,建筑要仔细刻画,但不能和环境分离。边画边等花朵的底色慢慢干透。

步骤 **3** >> 开始从上面的花画起,画准花的形状,如画静物一般慢慢刻画,暗部的色彩受海面空色调的影响偏暗冷一些。

步骤 4 》 每片花瓣姿态各异,处理好花朵的前后关系,用浅褐色的树枝把花串联起来。最后提亮最亮的花朵,完善画面。

彩铅画：广玉兰叶子

步骤 1

步骤 2

步骤 3

步骤 4

NO.10 桂花树

桂花树又名木樨，为木樨科常绿乔木。高 3～5 米，最高可达 18 米；树皮灰褐色。小枝黄褐色，无毛。桂花原产中国西南部喜马拉雅山东段，印度、尼泊尔也有。在中国有 2500 年以上的栽培历史，在黄河以南和广东的西南地区大量种植。

中文名:桂花树	亚纲:合瓣花亚纲	族:木樨榄族
学名:*Osmanthus fragrans* Loureiro	目:捩花目	属:木樨属
别称:木樨、岩桂	亚目:木樨亚目	种:桂花
门:被子植物门	科:木樨科	
纲:双子叶植物纲	亚科:木樨亚科	

步骤 1 》 十里桂花香！桂花开放，芳香四溢，沁人心脾。小区里就有几棵，只可惜多都围在院角。喜欢青岛的大海，就在画布上为它换了个家。让清凉的海风把花香送去更远的地方。蓝色起稿，中间画桂树，碧海蓝天为背景。

步骤 2 >> 画出桂树的造型和体积,天空加上白云可以更好地衬托桂树的存在,树的下面是黄绿色的草坪,和树的暗绿色保持呼应,第一遍色任务完成。

步骤 3 >> 桂树叶小花密,组织紧凑。树冠部分几乎看不到树枝,像一把撑开的伞,整体明暗容易把握,但要注意树的整个边缘要柔和,不然会从画面中被分离出来。亮部倾向黄绿,暗部蓝灰基调,中间层次可选蓝色加黄所得之绿。海面的笔触小一点弱一点,一切为凸显树服务。

步骤 4 >> 画上树干,用亮的黄色提亮花朵,受光的叶子用黄绿色整体提亮一遍,压缩暗部范围。近景的草坪既要画出内容又不需要交代太具体,用大小不同的竖条笔触表现。路面的影子受环境色的影响偏淡淡的蓝灰。补充海边的栏杆等细节。

步骤 2 细节展示

步骤 4 细节展示

NO.11 合欢树

    合欢树,别名夜门关、刺拐棒、坎拐棒子、一百针、老虎潦、五加参、俄国参、西伯利亚人参,为落叶乔木。高可达 16 米,树冠开展;小枝有棱角,嫩枝、花序和叶轴被绒毛或短柔毛。托叶线状披针形,较小叶小,早落。

    合欢树有很高的观赏和医用价值。合欢树也是一种敏感性植物,被列为地震观测的首选树种。

中文名:合欢树	亚纲:蔷薇亚纲
学名:*Albizzia julibrissn* Durazz	目:豆目
别称:夜合树、马缨花、绒花树、扁担树、福	科:豆科
榕树、绒线花、夜门关	属:合欢属
门:被子植物门	种:合欢
纲:双子叶植物纲	

步骤 1 >> 夏季六七月份,一般的木本花在青岛已经不多见了。漫步间,清爽的海风送来阵阵清香,在第三浴场邂逅了合欢花开。单色起稿,开放的树冠为近景,城市高楼为远景。

步骤 2 >> 铺底色,将合欢树的明暗面关系用大色块表示出来,确定好大海的位置和色彩,及整个画面的色彩基调。

步骤 3 >> 天空和远处楼群的交接要柔和,特别是高楼暗部要和天空色调统一好。仔细刻画合欢花,用色可选深红色、大红、桃红等加白,花的边缘用笔轻轻扫虚,朵朵团团,绒花吐艳的效果。注意羽状叶的特点,条形用笔,画得雅致。枝干清晰有力。

步骤 4 >> 远处的高楼进一步画完善,沙滩上的人物远处的概括,近处的稍具体些。用黄绿色画上树下的草坪,长长草坪与垂直的树增强了画面的稳定感,最后再用小描笔修饰一下绒花。

步骤 2 细节展示

步骤 4 细节展示

彩铅画:合欢花

步骤 1

步骤 2

步骤 3

步骤 4

NO.12 梧桐树

梧桐树,即"中国梧桐",是梧桐科梧桐属的植物,别名青桐、桐麻,也属落叶大乔木,高可达15米;树干挺直,树皮绿色,平滑。原产中国,南北各省都有栽培,梧桐生长快,木材适合制造乐器,树皮可用于造纸和绳索,种子可以食用或榨油,由于其树干光滑,叶大优美,是一种著名的观赏树种。中国古代传说凤凰"非梧桐不栖"。许多传说中的古琴都是用梧桐木制造的,梧桐对于中国文化有重要的作用。

中文名:梧桐　　　　　　　　　　目:锦葵目

学名:*Firmiana platanifolia*　　亚目:锦葵亚目

别称:青桐,中国梧桐、桐麻、梧树　科:梧桐科

门:被子植物门　　　　　　　　属:梧桐属

纲:双子叶植物纲　　　　　　　种:梧桐

亚纲:五桠果亚纲

步骤 1 >> 天主教堂的旁边有一棵梧桐树,平时少有人注意,到了花期则大放异彩,梧桐花香味扑鼻,一簇簇紫色的花朵挂了满满一树,压弯了树枝,圈粉无数,站在广场上你都无法不去看它,起稿布局时选了一个逆光的角度展现它的气魄和魅力。

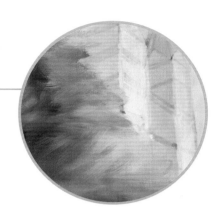

步骤 2 >> 把树的部分用紫色涂一遍，右边的建筑和路面用淡黄的暖色，画完待干。

步骤 3 >> 从最远处的天空画起，画教堂时注意仰视的透视效果，统一好透视线的消失点。花期的梧桐树是不太长树叶的，全是紫色一片，可以当成一朵巨大的紫花来表现，蓝色加少量的深红、桃红、大红等，得到许多漂亮的紫色，亮部加白色又可以推出一系列层次，笔触保留好，刚好像一串串花的感觉，画上人物。

步骤 4 >> 用深色画出侧倾斜下来的树干,行笔顿挫节奏根据实物走向,小树枝负责连接起每组小花。树的影子渲染成紫灰色,用淡黄色画影子上的光斑和受光的路面。其实人物众多,画时只保留少量点缀即可。最后提亮与教堂相接处的梧桐花亮度,强化逆光的美感。

速写:梧桐树

彩铅画:梧桐花

步骤 1

步骤 2

步骤 3

NO.13 黄连木

黄连木,别名楷木、楷树、黄楝树、药树、药木,为漆树科黄连木属植物。落叶乔木,高 25～30 米;树皮裂成小方块状;喜光,适应性强,耐干旱瘠薄,对二氧化硫和烟的抗性较强;深根性。抗风力强,生长较慢,寿命长。枝密叶繁,秋叶变为橙黄或鲜红色;雌花序紫红色,能一直保持到深秋,也甚美观;宜作庭荫树及山地风景树种。木材坚硬致密,可作雕刻用材;种子可榨油。

中文名:黄连木	纲:双子叶植物纲	科:漆树科
学名:*Pistacia chinensis* Bunge	亚纲:原始花被亚纲	族:漆树族
别称:楷木、惜木、孔木、鸡冠果等	目:无患子目	属:黄连木属
门:被子植物门	亚目:漆树亚目	种:黄连木

步骤 1 >> 中山公园有几棵叶子会由绿变红的乔树,开始以为是枫树,后来得知叫黄连木。黄连木春嫩叶红色,入秋叶又变成深红或橙黄色,欣赏起来极其美观。开始构图,确定树型和位置。

步骤 **2** 》 此时正值秋天,黄连木的叶子已经变得红艳起来,暗部用深红色铺垫,再用橘红色在上面提亮,最亮处用黄色画。树皮暗褐色,颜色较深,枝杈多变化。树下的人物也加以描述。

步骤 **3** 》 地面和远景作具体刻画,通过画黄连木后面的远景拉出空间感,树丛透亮。画出树下的影子,表现出秋日强烈的阳光。整理树的枝叶造型,根据整体画面需要适度提亮受光的树叶。

NO.14 雪 松

雪松,是松科雪松属植物。常绿乔木,树冠尖塔形,大枝平展,小枝略下垂。叶针形,长8~60厘米,质硬,灰绿色或银灰色,在长枝上散生,短枝上簇生。10~11月开花。球果翌年成熟,椭圆状卵形,熟时赤褐色。产于亚洲西部、喜马拉雅山西部、非洲和地中海沿岸,中国只有一种喜马拉雅雪松,分布于西藏南部及印度和阿富汗,中国多地有栽培。

雪松也是中国南京、青岛、三门峡、晋城、蚌埠、淮安等城市的市树。

中文名:雪松　　　　　　　　　　　目:松柏目
学名:*Cedrus deodara*(*Roxb.*)G. Don　　　科:松科
别称:香柏、宝塔松、番柏、喜马拉雅山雪松　　亚科:冷杉亚科
门:裸子植物门　　　　　　　　　　门:雪松属
纲:松柏纲　　　　　　　　　　　　种:雪松

步骤 1 ≫ 雪松作为青岛市的"市树",风度既庄重又高雅,虽高耸入云,却无傲慢轻世之态,松不善婆娑起舞,但也不寡言沉默。简单地构图。

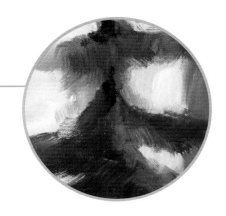

步骤 2 >> 铺底色,进一步确定松树的树形和各部分冷暖区域的划分。

步骤 3 >> 这是一棵树龄不大的雪松,却也是长得很高。用浅色描绘后面的楼房,衬托出树的形状。雪松大枝平展,小枝下垂,把它的基本特点抓住。雪松右边的建筑和银杏树叶画完。留下精力画雪松。

步骤 4 >> 雪松树叶针形,坚硬,淡绿色或深绿色,根据受光条件提亮每组树叶,顺着针形叶放射状用笔。树干垂直挺拔,表面有不规则的鳞状片,不过多处于暗部不需要描绘那么详细,普蓝加大、红或深绿加重就可以。补充完雪松树周边的其他配角植物。

彩铅画：雪松

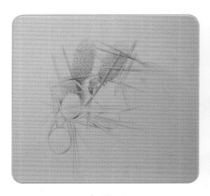

步骤 **1**

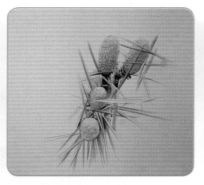

步骤 **2**

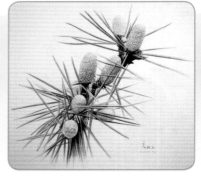

步骤 **3**

雪松树干写生

雪松速写

NO.15　樱花树

樱花为落叶乔木,国内分布广泛。有早晚樱、垂枝樱、云南樱等品种,晚樱在国内种植及园林绿化中运用比较广泛,美化环境方面贡献突出。

樱花树作为春天的象征,在春天樱花树上会开出由白色、淡红色转变成深红色的花。它可分单瓣和复瓣两类。单瓣类能开花结果,复瓣类多半不结果。一些品种的樱花树其果实是可食用的樱桃(樱花果)。其花、叶、果实也可加工制作为腌菜而食用。

中文名:樱花树	科:蔷薇科
门:被子植物门	属:樱属
纲:双子叶植物纲	亚属:典型樱亚属
目:蔷薇目	

步骤 1 >> "五一"前后,樱花开得如火如荼,极其美丽,中山公园赏花的人已是摩肩接踵。到画室的路上也长有几棵樱花树,此时樱花已开得绚烂繁密,优美安静的地方实在是个画画的好去处。

步骤 2 >> 铺底色时协调好各色块的冷暖关系,确立基本色调。

步骤 3 >> 从远景的建筑画起,樱花常见的颜色有白色和红色,红色又有粉红、朱红、艳红等,树上樱花缤纷,暗部亮部同时进行刻画,树干近是棕色,表面蜡质,显得油亮光滑,现在先画暗,后期根据受光条件适度加亮。画上右边的深色栏杆,右边的高楼弱化处理。

步骤 4 >> 樱花小巧玲珑,五六朵聚集在一起组成一个花球,一簇一簇地拥挤在枝头,前面几组樱花需要耐心点处理,每一小组重点刻画几朵,很多时候要用小描笔慢慢描绘,虚实搭配,效果饱满柔和。

步骤 5 >> 路面上的影子偏蓝灰色,倾向花朵的对比色。画上些落在地上的红色花瓣,和树上的红花相呼应。最后根据受光角度的不同整理一遍亮部高光的强度。

NO.16　白杨树

白杨树是一种落叶乔木,一般高 15～30 米,树皮灰白色,是一种很普通的树。生存能力极强,大路边、田埂旁,有黄土的地方,就有它的存在。用途多样,可以当柴烧、打家具、做屋檩栋梁、制作农具。共有 4 个亚种。

中文名:白杨树

学名:*Populus alba*

门:被子植物门

纲:双子叶植物纲

目:杨柳目

科:杨柳科

属:杨属

亚种:光皮银白杨、新疆杨

步骤 1 >> 杨树比较普通常见,给人一种朴素、坚忍不拔的性格特点。准备画材,画下路边这排高大秀丽的杨树。

步骤 **2** >> 薄薄的铺一层底色,画出树干从上到下不同的变暗变化。

步骤 **3** >> 树叶一般手掌大小,在高高的树枝上是不算大的,用笔触表现,光线来自左侧,左边的树叶偏亮一些,暗部集中在右边。由于透视,远处的几棵树干细一些,与天空的明暗对比也弱,近处树干偏灰白,表皮光亮,上面有像眼睛形状的疤痕,特点明显。

步骤 4 >> 树干根部偏暗一些,纵向条纹明显,树根与地面青草连接处是最暗处,光线不充足,模糊处理就可以。表现重点放在树干的上半部分,树下草地层层刻画至远处模糊的电视塔,水泥路面画上树的偏蓝灰色的影子,渐渐消失于远方。

速写：白杨树

NO.17 榆 树

榆树又名春榆、白榆等，素有"榆木疙瘩"之称，为榆科落叶乔木，幼树树皮平滑，灰褐色或浅灰色，大树之皮暗灰色，不规则深纵裂、粗糙。花果期 3～6 月（东北较晚）。

中文名:榆树	亚纲:金缕梅亚纲
学名:*Ulmus pumila* L.	目:荨麻目
别称:家榆、春榆、粘榔树家榆、白榆	科:榆科
门:被子植物门	属:榆属
亚门:种子植物亚门	种:榆树
纲:双子叶植物纲	

步骤 1 >> 估计大家对"榆树钱"都不会陌生，一串串，微绿中带有一点黄色，水嫩嫩的，含到嘴里，满是青草的甜香味！一棵老榆树承载着一个童年。现在要画的榆树有点特别，树干从树根处一分为二，左右两根对称生长，像对孪生兄弟，很有趣味。

步骤 2 >> 铺底色,确定各个物体的位置和大小比例。

步骤 3 >> 先把树后面的楼房画出来,刻意降低楼房的明暗对比,浅浅的背景更容易衬托榆树,树干
偏下的榆树老叶颜色幽绿,树梢处是黄绿色。层层枝叶支撑起树的空间。暗部的叶子用
灰绿色提亮,亮部的受光部分多加黄色成分。

步骤 4 >> 画上两根对称的树干,暗红色的小矮墙,路面概括处理,注意力锁定榆树。画面右边的房子和绿树概括处理,无需过多细节。

步骤 2 细节展示

步骤 4 细节展示

彩铅画:榆树钱儿

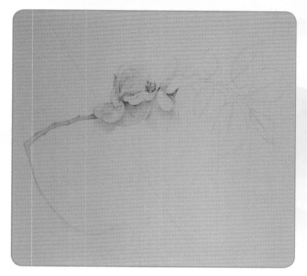

步骤 **1**

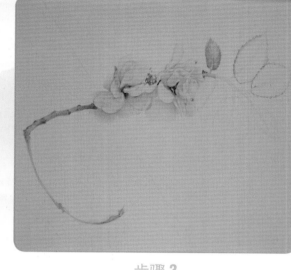

步骤 **2**

步骤 **3**

步骤 **4**

银 杏

NO.18

银杏,为银杏科、银杏属落叶乔木。银杏为落叶大乔木,胸径可达 4 米,幼树树皮近平滑,浅灰色,大树之皮灰褐色,不规则纵裂,粗糙;有长枝与生长缓慢的钜状短枝。4月开花,10月成熟,种子具长梗,下垂,常为椭圆形、长倒卵形、卵圆形或近圆球形。种皮肉质,被白粉,外种皮肉质,熟时黄色或橙黄色。

银杏树的果实俗称白果,因此银杏又名白果树。银杏树生长较慢,寿命极长,自然条件下从栽种到结银杏果要二十多年,四十年后才能大量结果,因此又有人把它称作"公孙树",有"公种而孙得食"的含义,是树中的老寿星,具有观赏、经济、药用等价值。

中文名:银杏	目:银杏目
学名:*Ginkgo biloba* L.	科:银杏科
别称:白果树、公孙树、鸭脚树、蒲扇	属:银杏属
门:裸子植物门	种:银杏
纲:银杏纲	

步骤 1 >> 浮山所的古银杏树已有 600 多年的历史,还有着第一次世界大战在亚洲唯一一次战役留下的痕迹!这棵古树我画过多次,不断品读它的厚重。做好构思,边构图边铺底色。

步骤 2 >> 树干深褐色,苍劲有力,树枝上的树叶不是太多,却格外显眼。午后阳光照过来,粗糙的宽树纹泛出暗红色,主树干被叶子盖住了大部分,旁边圆形的石碑刻着"浮山所"三个字,描绘时客观写实,尊重原貌。

步骤 3 >> 用中绿画树梢上不多的银杏叶子,没有叶子的地方着重描绘树干,不需要发挥,好好模仿就好,感受这百年生灵的韵律。裸露的树干静默的擎在空中,充满仪式感。

步骤 4 >> 树主干处茂密的叶子源于老树根分生的新枝,茂密的新生叶增添了活力。接着画下面粉
蓝色的围栏和植物,下面的灰色墙体模糊表示,不做具体刻画。

速写:银杏树

彩铅画:风干了的银杏果

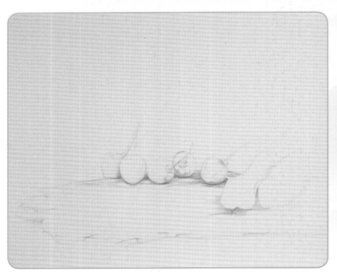

步骤 1

步骤 2

步骤 3

步骤 4

NO.19 圆柏树

圆柏树,柏树品种,常绿乔木,树冠呈现塔形或圆形,故称圆柏树,原产自中国东北、华北地区。树高可达20多米。常用作园林植物进行栽培。

叶有两型,在幼树或基部萌蘖枝上全为刺形叶,三叶交叉轮生,上面有2条气孔线,叶基部无关节而向下延伸。随着树龄的增长,刺叶逐渐被鳞形叶代替,鳞形叶排列紧密并交互对生,先端钝。雌雄异株,雌花与雄花均着生于枝的顶端,花期4月。翌年11月果熟,球果近圆形,被白粉,熟时褐色。内有种子1～4粒,呈卵圆形。

中文名:圆柏树	目:松杉目
门:裸子植物门	科:柏科
纲:松杉纲	

步骤1 » 青岛中山公园的喷泉旁有棵非常显眼的圆松柏树,巍峨挺拔,像座宝塔。起稿勾出画面里各自物体的形状。

步骤 **2** >> 铺第一遍色时，就要把圆松柏的形体塑造个七成，接下来要细致刻画，步步收紧。

步骤 **3** >> 天空面积较大，云彩要多变化，要有足够的内容来呈现。远处的植物沐浴在阳光下，绿色里透出暖暖的感觉。圆松柏本身颜色较深，受环境色的影响小，前面的那组球体体积，内部蓬松，最高处的松树叶间透出零星天空的白色。喷泉池里的小孩雕塑基本动态比例要画准确。

步骤 4 >> 画上几个人物，丰富一下路面的空场。根据松树叶特点用笔，提亮树前面大组树枝。

步骤 2 细节展示

步骤 4 细节展示

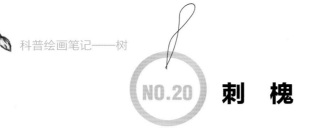

NO.20 刺 槐

刺槐,又名洋槐。豆科、刺槐属落叶乔木,树皮灰褐色至黑褐色,浅裂至深纵裂,稀光滑。原生于北美洲,现被广泛引种到亚洲、欧洲等地。刺槐树皮厚,暗色,纹裂多;树叶根部有一对1~2毫米长的刺;花为白色,有香味,穗状花序;果实为荚果。刺槐木材坚硬,耐腐蚀,热值高。刺槐花可食用。刺槐花产的蜂蜜很甜,蜂蜜产量也高。

中文名:刺槐
学名:*Robinia pseudoacacia* Linn.
别称:洋槐
门:被子植物门
纲:双子叶植物纲 Dicotyledoneae
亚纲:蔷薇亚纲
目:豆目
科:豆科(蝶形花科)
属:刺槐属
种:刺槐

步骤 1 >> 黄县路附近一直是文艺青年的聚集地,草木砖瓦皆可入画,一簇簇槐花开放点缀在绿叶之间,白得耀眼,繁得热闹,整个小巷芳香四溢。把槐树安排在画面的左侧,粗树枝向右伸展,右测画楼房。

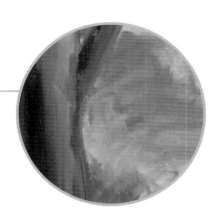

步骤 2 >> 这幅画色彩比较丰富,红瓦绿树,蓝天白云,是典型的岛城风光。铺底色时把颜色搭配好。近景写生的人物和画架正好填充树下的空间。

步骤 3 >> 蓝天以用群青色加白从深到浅依次过渡下来,云朵的暗部用蓝灰色画,与蓝天协调。槐树叶小花密,画出槐花一簇簇的感觉,虽然花是白色先不要过早提,且不要亮过白云。树干表面粗糙,受光部的笔触需要厚一点,表现出树干的体积。

步骤 4 >> 远处色彩缤纷，偏橘红色的屋顶，中绿、黄绿的树木，墙头花卉姹紫嫣红。楼房也错落有致，虽很悦目但要小心画面"花"的弊病，即画面过于缤纷而凌乱无序。所有颜色的都要控制在同一色调下，服从整体。

步骤 5 ≫ 刻画近景的画架、人物和地面等，受光的地面用淡黄色，暗部的路面加一点淡淡蓝紫色，用暗色勾勒出石板的缝隙。最后提亮槐树花，刻画充分。检查远景，去掉过于跳跃的颜色，防止喧宾夺主。

速写：槐树

彩铅画：槐树墩儿

步骤 1

步骤 2

步骤 3

步骤 4

NO.21 柳 树

柳树是中国的原生树种,中国植柳已有四千多年的历史,可以追溯到古蜀鱼凫王封树定界。柳树有 520 多种,中国有 257 种,120 个变种和 33 个变型。落叶乔木或灌木,芽鳞 1 枚,雌雄异株,雄蕊 2、3、5 或多数。蒴果,2 裂。

中文名:柳树
学名:*Salix babylonica*
门:被子植物门
纲:双子叶植物纲

亚纲:原始花被亚纲
目:杨柳目
科:杨柳科
属:柳属

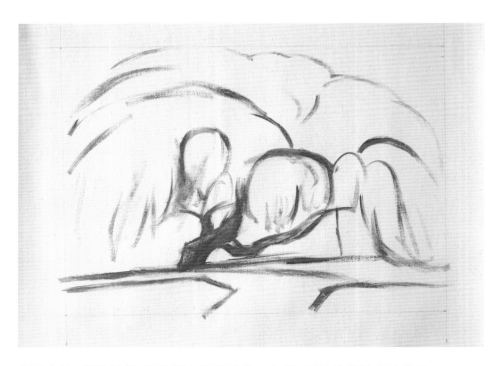

步骤 1 >> 春回大地,嫩柳舒黄,杨柳姿态轻盈柔美。起稿,开始描绘这春的信使。

步骤 2 >> 画面大部分面积被黄色占据,树干是画面里最暗的颜色,快速地用薄颜色铺出底色。

步骤 3 >> 开始刻画柳树,先把最暗层次的树干画出来,方便对比前面的垂柳。观察树枝走向,把柳条划分好,用淡黄、柠檬黄加白提亮柳树的新芽,用细小的笔触勾画出纤细的柳条,要体现出下垂的特点。树的影子在天光的影响下倾向蓝灰色。

步骤 4 >> 左边的枝叶相对稀疏,树叶间透出零星的天空颜色,天蓝色和黄色衔接处要柔和、朦胧,画画不能面面俱到,处处详尽,把重点还要留给树的右侧。树梢下隐约的紫灰色远景,把柳树的嫩黄色对比得更加响亮,近处的路面也充分地亮起来。

步骤 2 细节展示　　　　　　　　　　步骤 4 细节展示

NO.22 石 榴

石榴，落叶乔木或灌木；单叶，通常对生或簇生，无托叶。花顶生或近顶生，单生或几朵簇生或组成聚伞花序，近钟形，裂片5～9，花瓣5～9，多皱褶，覆瓦状排列；胚珠多数。浆果球形，顶端有宿存花萼裂片，果皮厚；种子多数，浆果近球形，果熟期9～10月。外种皮肉质半透明，多汁；内种皮革质。

性味甘、酸涩、温，具有杀虫、收敛、涩肠、止痢等功效。石榴果实营养丰富，维生素C含量比苹果、梨要高出一两倍。

中国传统文化视石榴为吉祥物，视它为多子多福的象征。

中文名 : 石榴	亚纲 : 蔷薇亚纲
学名 : *Punica granatum* L.	目 : 桃金娘目
别称 : 安石榴、山力叶、丹若、若榴木、金罂、金庞、涂林、天浆	科 : 石榴科
	属 : 石榴属
门 : 被子植物门	种 : 石榴
纲 : 双子叶植物纲	

步骤1 >> 小区门口有一棵石榴树，每年6月里开满鲜艳夺目的石榴花，像一个少年，年轻帅气，朝气蓬勃。画面内容不复杂，构图也轻松表示即可。

步骤 2 >> 这一步任务介于铺底色和深入刻画之间,把树的造型、枝叶的分布、叶子的形状特点、受光后的色彩变化都尽量画得具体,只是控制亮度不要太亮,要比实物暗一个层次。树最暗的地方可以一次到位,拉开明暗对比。

步骤 3 >> 深入刻画,用橘红画上小灯笼一样的石榴花,在已有的形体上细致描绘局部的树叶,按不同大小、朝向及受光产生的不同色彩用小笔处理,上半部受光充分,产生跳跃的黄亮色,偏暖一些。下面靠左边背光部分用偏粉的冷灰色,处理上也简练概括一些。

油画：家有喜事

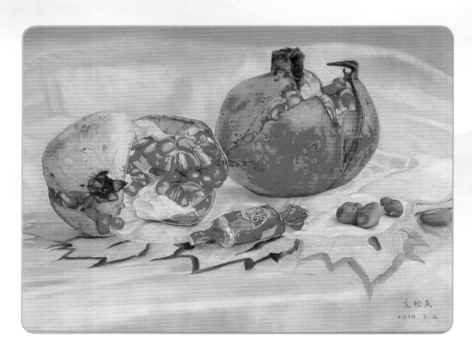

油画：石榴

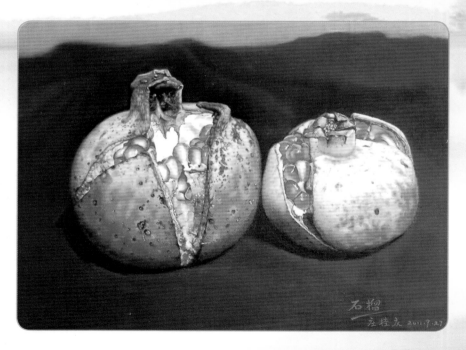

NO.23 **无花果**

无花果树属于桑科,为榕属落叶灌木,属亚热带落叶小乔木。又名天仙果、明目果、映日果等。无花果已知有几百个品种,且寿命很长,可达数十年。无花果耐旱、耐阴、耐盐碱,具有速生、早果、丰产的优点。果实呈球根状,果实有扁圆形、球形、梨形或坛形数种,尾部有一小孔,花粉由黄蜂传播。果皮色泽亦有绿、黄、红、紫红之分,但多为黄色。果肉多呈黄色、浅红色或深红色。

中文名:无花果树	目:荨麻目
学名:*Ficus carica* Linn.	科:桑科
门:被子植物门	族:榕族
纲:双子叶植物纲	属:榕属
亚纲:金缕梅亚纲	种:无花果

步骤 1 ≫ 千山花开万树香,唯独无花不竞芳。绿衣婆娑默然立,累累甜蜜请君尝。小区里最受孩子喜欢的无花果树一定要画一下。

步骤 2 ≫ 无花果树叶繁茂,粗壮的树枝遮过了门口的围栏,十月份的树下一片阴凉,每次进出小门都闻着甜腻腻的果香。接下来要画的场景明暗对比非常明显,铺底色时用大笔画,直接分出明暗两部分。

步骤 3 ≫ 叶子有点像五指张开的手掌,有的像一片片小荷叶,茂密得几乎看不到像胳膊一样伸展的枝干。抓住特点,对照实物,归纳、概括,我们不可能照抄所有的叶子。亮部的叶子用黄绿色加白色先亮起来。左边敞开的小门,开阔了视野。

步骤 4 >> 在整体的节奏下进行局部刻画,树叶的背光面呈现较饱和的黄绿色,亮面高光偏冷。强光照射下叶子间的每处暗部都显得格外明显,只有暗部反光处的叶子灰灰浅浅。依次完成台阶上的阳光、淡蓝色的铁门,视线导引出去。

步骤 2 细节展示

步骤 4 细节展示

速写：无花果

NO.24 石楠树

石楠树,株高3～15米,枝条棱角分明,且枝条表面常常带刺。叶互生,边缘完全或大部分有锯齿,常绿植物,也有部分为落叶植物。花期夏季,果实为小型梨果,直径4～12毫米,颜色鲜红,数量很多。其果实是某些鸟类的食物,这样种子可以通过鸟类粪便传播。

中文名:石楠树

学名:*Photinia*

门:被子植物门

科:蔷薇科

亚科:苹果亚科

属:石楠属

种:石楠树

步骤 1 >> 这么大的石楠树,在青岛市南区我只见过两棵,一棵在中山公园,另一棵就是安徽路边的墙头上了。用褐色简单地勾勒出画面布局。

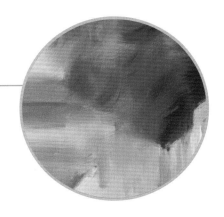

步骤 2 >> 把握大面积的色彩,画一遍底色,颜色可以薄但最好填满画布。

步骤 3 >> 用大笔标注一下石楠花的位置,花周围明显的树叶组织关系,顺势把石楠丰满的形体用明暗表示出来,从天树交接的上方开始由远及近地深入刻画,观察越来越仔细。

步骤 4 >> 石楠枝繁叶茂,我们看到的大朵花卉其实是由无数小花组成,用小笔触叠加而成,很多石楠花半掩在树叶里的,根据光线情况色彩分出层次,叶子多下垂,根据形状模仿。远处的路上画上一对情侣更有情调。

NO.25 紫 荆

紫荆,俗名满条红,豆科,紫荆属,落叶乔木或灌木,原产于中国。生长管理比较粗放,有很高的药用价值和观赏价值。喜光照,有一定的耐寒性。能在肥沃、排水良好的土壤生长。产地有江苏、山东、河南、北京、安徽等地。

中文名:紫荆树

学名:*Cercis chinensis*

别称:裸枝树、紫珠

门:被子植物门

纲:双子叶植物纲

亚纲:原始花被亚纲

目:蔷薇目

亚目:蔷薇亚目

科:豆科

亚科:云实亚科

族:紫荆族

属:紫荆属

种:紫荆

步骤 1 》 紫荆树的花先于叶开放,早春时节无论枝条还是树干布满紫色花朵,甚是艳丽可爱。叶单独略显单调,所以我们在取景时加了些绿色的植物作衬托,就更加好看。用蓝色起稿。

步骤 2 >> 铺底色营造一下画面气氛,确定最佳的画面色调。

步骤 3 >> 减弱画面左边树的明暗对比和色彩纯度,凸显紫荆树的鲜艳夺目。从紫荆树上面枝杆开始着手,花深红色带点一点蓝紫的倾向,边缘处的花朵用粉红色,先浅一点画一遍,逐渐加深。右下角的绿色植物塑造出体积,并用笔触画出树叶的感觉。

步骤 4 ≫ 紫荆树部分先用加了白色的深红色画一遍,被花包裹的树干颜色偏熟赫一点。画周边的路面,汽车、小灌木等画完善,路的色调和远景统一,绿色的小灌木画得粉绿显眼一些,和紫红色的花相互衬托。

步骤 5 ≫ 丰富画紫荆花的细节,花叶片心形,圆整而有光泽,光影相互掩映,颇为动人。

NO.26 水杉树

水杉树,别名水桫树,高大落叶乔木,高达35米。分布在我国华南、华东和华北部分地区,国外约有50个国家和地区引种栽培。树干基部常膨大;树皮灰色、灰褐色或暗灰色,幼树裂成薄片脱落,大树裂成长条状脱落,内皮淡紫褐色。边材白色,心材褐红色,是优秀的产材树种。树姿优美,又为著名的庭园树种。

中文名:水杉

学名:*Metasequoia glyptostroboides*

别称:水桫树

门:裸子植物门

纲:松杉纲

目:松杉目

科:杉科

属:水杉属

种:水杉

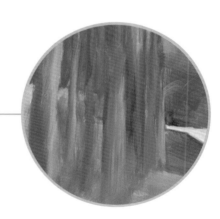

步骤 1 >> 被称为植物"活化石"的水杉苍劲挺拔,高耸入云,我们也只能取一部分入画,铺底色。

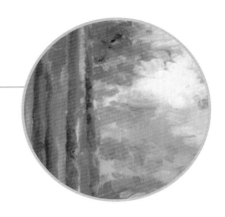

步骤 **2** >> 从远处画起,近处的水杉树干偏灰褐色或暗灰色,采用仰视的视角表现。

步骤 **3** >> 远处树层茂密,形成一个绿色背景,衬托主题,路面属于画面亮层次,上面的影子也不宜太暗。水杉叶形秀丽,形似羽毛,只是太高不能画具体。有水彩局部图可供了解。

步骤 4 ≫ 勾画树干的树枝时手要稳,线条舒展有力,还要注意其枝斜展、小枝下垂的生长特点。阳光照在树干和路面上,呈暖黄色。树干修剪过的疤痕是需要表现的要点,有利于树皮质感的增强,检查仰视的树干透视角度,让树干如仪仗队般挺立。

水彩画：水杉叶子

步骤 **1**

步骤 **2**

步骤 **3**

NO.27 紫叶李

紫叶李,别名红叶李,蔷薇科李属落叶小乔木,高可达 8 米,原产亚洲西南部,中国华北及其以南地区广为种植。叶常年紫红色,著名观叶树种,孤植群植皆宜,能衬托背景。尤其是紫色发亮的叶子,在绿叶丛中,像一株株永不凋谢的花朵,在青山绿水中形成一道靓丽的风景线。

中文名:紫叶李

学名:*Prunus Cerasifera* Rehd.

别称:红叶李、樱桃李

门:被子植物门

纲:双子叶植物纲

目:蔷薇目

亚目:蔷薇亚目

科:蔷薇科

亚科:李亚科

属:李属

种:紫叶李

步骤 1 >> 紫叶李整个生长季节都为紫红色,花娇小,只有指甲那么大,但许多花聚在一起,也煞是壮观好看。用棕色构图。

步骤 **2** >> 用大笔塑造紫叶李的形体结构。

步骤 **3** >> 紫叶李枝干为紫灰色,嫩芽淡红褐色,叶子光滑无毛,花蕊短于花瓣,抓住它的这些基本特点,仔细对比,用准确的颜色表现在画布上。

步骤 4 >> 把叶子的层组关系用笔触点画出来,紫叶李叶子小,笔触不宜太大。光从左上方过来,右边的树稍暗一些,树干几乎完全背光,颜色较暗。树下面的绿色植物受到紫叶李花颜色的影响也呈现淡淡的紫灰色。

步骤 2 细节展示

步骤 4 细节展示

速写：紫叶李叶子

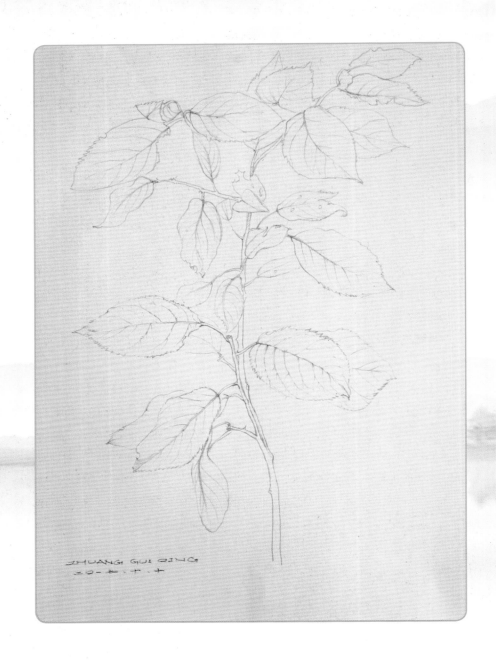

栾 树

栾树,别名木栾、栾华等,是无患子科、栾树属植物。为落叶乔木或灌木;树皮厚,灰褐色至灰黑色,老时纵裂;皮孔小,灰至暗揭色;小枝具疣点,与叶轴、叶柄均被皱曲的短柔毛或无毛。

栾树生长于石灰石风化产生的钙基土壤中,耐寒,在中国只分布在黄河流域和长江流域下游,在海河流域以北很少见,也不能生长在硅基酸性的红土地区。栾树春季发芽较晚,秋季落叶早,因此每年的生长期较短,生长缓慢,木材只能用于制造一些小器具,种子可以榨制工业用油。

中文名:栾树	亚纲:原始花被亚纲
学名:*Koelreuteria paniculata* Laxm.	目:无患子目
别称:木栾、栾华、乌拉、乌拉胶,黑色叶树、石栾树、黑叶树、木栏牙	科:无患子科
	亚科:车桑子亚科
门:被子植物门	属:栾树属
纲:双子叶植物纲	种:栾树

步骤 1 >> 闽江路两侧满是栾树,夏季枝繁叶茂,翠绿可人。一路上和栾树最应景的就是这家店面了,老板是我的学生,她总喜欢把门口布置得美美的,愿望是有一天自己能画出来。开始构图,树干靠左,树冠占整个上部,店面右下方。

步骤 2 >> 铺底色时确定光源方位,根据受光条件画出明暗变化以及大的色彩倾向。

步骤 3 >> 栾树新长生的嫩叶会明显亮黄,层次感十分清晰明朗,容易把握。观察好树冠最暗和最亮的位置,为下一步的整体提亮做好准备。树干的穿插关系画准确,后面的店面开始刻画。

步骤 **4** >> 完善栾树后面的画面内容,去繁就简。开始提亮栾树树叶,这一步要小心谨慎,不要破坏了之前的层次关系,主要的枝叶从色彩到用笔都丰富起来。

步骤 5 >> 刻画店面的小花园,表现好明媚的光照效果,红色的小花,精致的镂空小门和格式花盆等需要花些精力处理,但丰富的色彩和内容有效地填充了树下的空间。画完树干和地面,关注整体,局部调整。

彩铅画：栾树果

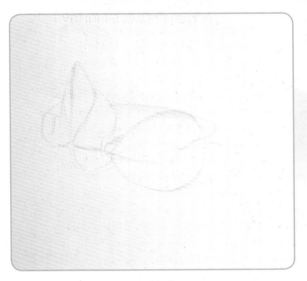

步骤 **1**

步骤 **2**

步骤 **3**

NO.29　栗子树

栗子树,落叶乔木,株高达20米,树冠冠幅大。木材坚实,树皮可供鞣皮及染色用,在各地的园林绿化中,栗子树被作为优秀的风景树栽植,其果实栗子与桃、杏、李、枣并称"五果"。栗子树是中国栽培最早的果树之一,已有2 000～3 500年的栽培历史。

中文名:栗子树　　　　　　　　　　亚目:壳斗目

学名:*Castanea mollissima* Blume　　科:壳斗科

门:被子植物门　　　　　　　　　　属:栗属

纲:双子叶植物纲　　　　　　　　　种:板栗

亚纲:核心真双子叶植物分支

步骤1 >> 栗子树长得高大,甜美的栗子果实被像刺猬一样的果皮包裹着,不敢轻易触碰,对于不了解的人来说甚是新奇,单色起稿,画准街道建筑透视关系。

步骤 **2** >> 铺一遍底色，颜色干后从右边的栗子树开始画起，绿树的面积较大，暗部也较多，我习惯用普蓝加橄榄绿加一点大红色画最暗处，塑造出树的体积和蓬松感。树枝间的楼房呈温暖的米黄色，墙上的影子则偏天光蓝灰色。

步骤 **3** >> 亮部的栗子树叶需要加白色提高亮度，黄色和白色能极大的拓展绿色的色阶，保证可以有足够的绿色使用，叶子的形状是每棵树的重要特点，刻画也精细些。远处树偏蓝色接近天空的色相。近处偏暖的黄绿为主，明暗层次也较丰富。右边的建筑处于背光，门窗等主要线条要画垂直。

步骤 **4** >> 树丛中画上累累果实，快成熟的栗包呈浅绿色，比较显眼，果实周身有长刺，边缘线处理不能太板，小笔慢慢过渡或用大笔扫模糊些，每组树枝重点刻画几个果实，其他的概括虚化到和树叶里去。

步骤 **5** >> 画上路面上的人物、小狗等，用淡黄色、肉色等暖色画受光的墙面和路面。路面上的楼房投影主观加强了蓝的比重，便于统一右侧背光的冷色调，也增强了与亮部的冷暖对比。

油画：栗子

NO.30 朴 树

朴（pò）树，乔木，树皮平滑，灰色，别名黄果朴、白麻子、朴朴榆、朴仔树、沙朴，荨麻目落叶乔木。根皮入药，治腰痛、漆疮。

中文名:朴树	亚纲:原始花被亚纲
学名:*Celtis sinensis* Pers	目:荨麻目
别称:黄果朴、白麻子、朴、朴榆、朴仔树、沙朴	科:榆科
	亚科:朴亚科
门:被子植物门	属:朴属
纲:双子叶植物纲	种:朴树

步骤 1 >> 青岛中山公园门口向东走，有处开阔休闲之所，充满静谧之美，花坛奇石间一棵棵朴树端庄秀美，少人打扰，是写生的好地方。构图完毕开始画第一边底色。

步骤 **2** >> 取楼房为远景,近处的朴树树干及周边石块画具体一点,第二遍刻画时会轻松些。

步骤 **3** >> 从朴树开始慢慢刻画,仔细观察,发现它的特点规律。树与天空的交接处最关键的是虚化,减小对比度。最后的用笔要讲究,既要准确地表现明暗关系,又要松动而紧凑,有树叶的感觉。树枝贯穿其中,连接大小各组枝叶,塑造体积,整体局部反复斟酌。

步骤4 >> 朴树基本完成后开始画周围的奇石、草地、天空、楼房等,这些都是为衬托树而服务的,树的效果明确了,其他部分是该加强还是减弱 也有了尺度。

步骤 2 细节展示

步骤 4 细节展示

后　记

　　有不少朋友问我说:"庄老师,科普油画协会是做什么的?"这本新书《科普绘画笔记——树》就是它的诠释:用油画的形式科普生活中知识,用科普的平台推广油画艺术。我的心愿阶段性实现了,喜悦和激动无法言表。一年多来筹备工作的紧张焦灼,日夜创作的辛苦劳累瞬间被冲刷殆尽。虽然现在见到不同的树还是习惯性的半天不走,观察揣摩,因为研究得越多越是发觉还有诸多细节和知识点体现得不够详尽,只能日后铺开展现了。本书好比是两扇门,左边是绘画艺术,右边是科普知识,推开门,里面是无尽的、美好的风景,鲜花绿树,曲径悠长,爱艺术、懂生活就从这里启程。我满足于大家的欣喜,如用手中的画笔令大家生活更丰富多彩,便欣慰至极。画家孙文静女士创作的水彩画配图为本书添彩助力,在此表示谢意! 大自然是最美的画卷,我只能竭尽所能地粉饰它的美丽,不足之处多提宝贵意见。感谢默默支持我的亲人、朋友,感谢青岛市市南区科学技术协会领导对本书的大力支持和宝贵建议。感谢著名书法家肖丕坤老师为本书书名的题字,感谢著名实力派画家解中才老师对我的绘画给予的指导。